填写说明

❶ 家长每日要认真做好记录。如果妈妈白天要上班，白天可以由长辈负责记录，以便妈妈晚上回家查看日记本。

❷ 做好一日6餐的进食记录。早餐约8点、早点约10点、午餐约12点、午点约15点、晚餐约18点、晚点约20点。

❸ 进餐情绪的记录。宝宝进餐时的情绪通过勾选红绿灯来记录。绿色表示心情愉悦、黄色表示情绪一般、红色表示哭闹不肯吃。这样有利于及时发现宝宝的情绪问题。

❹ 食材多样化自查。注意记录宝宝每餐吃了哪些食物，把每天吃的食物全部汇总，判断种类是否足够。记录册中的图示按顺序分别代表粮谷类、蔬菜类、肉蛋水产豆制品类、水果类、奶类。建议宝宝每天能吃够10种食物，能吃够15种更好，这样才能保证食物多样化。如何吃到10种或者15种，大家可以看《科学辅食课》的第15页。

❺ 做好新加食材的记录。这样出现了不良反应可以及时排查。

❻ 全天喂奶情况。如果是亲喂，记录"次"；如果是瓶喂，记录"mL"。

❼ 户外运动时间。建议每天保证至少2小时的户外运动，这样有助于食物消化、保护视力。

❽ 每日维生素D提醒。很多宝宝都需要每日服用维生素D，服用维生素D以后，记得打勾。

❾ 睡眠时间记录。睡眠质量不好，可能会令宝宝食欲不佳。

❿ 排便情况记录。排便几次就勾几次，有利于及时发现异常排便。

⓫ 宝宝健康状况的记录。生病可能会影响食欲。

⓬ 随手记。可以记录宝宝吃饭的趣事、难忘的瞬间等你想记录的任何事情。

___年___月___日　　　___岁___月___天　　　记录人_____

早餐：
早点：
午餐：
午点：
晚餐：
晚点：

___种　　___种　　___种　　___种　　___种 ┊ 总计___种

新加：_____　　喂奶：_____次/mL　　户外：_____小时　　睡眠：_____小时　　○ 维生素D

排　便
　　　　　○硬 软 稀　　○身体棒
○硬 软 稀　○硬 软 稀　○腹泻 ○便秘 ○呕吐
○硬 软 稀　○硬 软 稀　○湿疹 ○感冒 ○_____

健　康

随手记

___年___月___日　　　___岁___月___天　　　记录人_____

早餐：
早点：
午餐：
午点：
晚餐：
晚点：

___种　　___种　　___种　　___种　　___种 ┊ 总计___种

新加：_____　　喂奶：_____次/mL　　户外：_____小时　　睡眠：_____小时　　○ 维生素D

排　便
　　　　　○硬 软 稀　　○身体棒
○硬 软 稀　○硬 软 稀　○腹泻 ○便秘 ○呕吐
○硬 软 稀　○硬 软 稀　○湿疹 ○感冒 ○_____

健　康

随手记

___年___月___日　　　___岁___月___天　　　记录人_____

早餐：---
早点：---
午餐：---
午点：---
晚餐：---
晚点：---

___种　　___种　　___种　　___种　　___种 ┊ 总计___种

新加：_____　喂奶：_____次/mL　户外：_____小时　睡眠：_____小时　○维生素D

排　便　　○硬 软 稀　○身体棒　　健　康　随
○硬 软 稀　○硬 软 稀　○腹泻 ○便秘 ○呕吐　手
○硬 软 稀　○硬 软 稀　○湿疹 ○感冒 ○____　记

___年___月___日　　　___岁___月___天　　　记录人_____

早餐：---
早点：---
午餐：---
午点：---
晚餐：---
晚点：---

___种　　___种　　___种　　___种　　___种 ┊ 总计___种

新加：_____　喂奶：_____次/mL　户外：_____小时　睡眠：_____小时　○维生素D

排　便　　○硬 软 稀　○身体棒　　健　康　随
○硬 软 稀　○硬 软 稀　○腹泻 ○便秘 ○呕吐　手
○硬 软 稀　○硬 软 稀　○湿疹 ○感冒 ○____　记

___年___月___日　　　___岁___月___天　　　记录人_____

早餐:
....
早点:
....
午餐:
....
午点:
....
晚餐:
....
晚点:
....

___种　　___种　　___种　　___种　　___种 ┊ 总计___种

新加: _____　喂奶: _____次/mL　户外: _____小时　睡眠: _____小时　○ 维生素D

排　便
　　　　○硬 软 稀　○身体棒
○硬 软 稀　○硬 软 稀　○腹泻 ○便秘 ○呕吐
○硬 软 稀　○硬 软 稀　○湿疹 ○感冒 ○____

健　康

随
手
记

___年___月___日　　　___岁___月___天　　　记录人_____

早餐:
....
早点:
....
午餐:
....
午点:
....
晚餐:
....
晚点:
....

___种　　___种　　___种　　___种　　___种 ┊ 总计___种

新加: _____　喂奶: _____次/mL　户外: _____小时　睡眠: _____小时　○ 维生素D

排　便
　　　　○硬 软 稀　○身体棒
○硬 软 稀　○硬 软 稀　○腹泻 ○便秘 ○呕吐
○硬 软 稀　○硬 软 稀　○湿疹 ○感冒 ○____

健　康

随
手
记

___年___月___日   ___岁___月___天   记录人_____

早餐:
早点:
午餐:
午点:
晚餐:
晚点:

___种   ___种   ___种   ___种   ___种 ┆ 总计___种

新加: _____   喂奶: _____次/mL   户外: _____小时   睡眠: _____小时   ○ 维生素D

排 便
　　　　　○硬 软 稀　○身体棒
○硬 软 稀　○硬 软 稀　○腹泻 ○便秘 ○呕吐
○硬 软 稀　○硬 软 稀　○湿疹 ○感冒 ○_____

健 康

随手记

___年___月___日   ___岁___月___天   记录人_____

早餐:
早点:
午餐:
午点:
晚餐:
晚点:

___种   ___种   ___种   ___种   ___种 ┆ 总计___种

新加: _____   喂奶: _____次/mL   户外: _____小时   睡眠: _____小时   ○ 维生素D

排 便
　　　　　○硬 软 稀　○身体棒
○硬 软 稀　○硬 软 稀　○腹泻 ○便秘 ○呕吐
○硬 软 稀　○硬 软 稀　○湿疹 ○感冒 ○_____

健 康

随手记

___年___月___日　　　___岁___月___天　　　记录人_____

早餐：

早点：

午餐：

午点：

晚餐：

晚点：

___种　　___种　　___种　　___种　　___种 ┊ 总计___种

新加：_____　喂奶：_____次/mL　户外：_____小时　睡眠：_____小时　○维生素D

排　便　　　　　　　　　　　　　**健　康**　随
　　　　　○硬 软 稀　○身体棒　　　　　　手
○硬 软 稀　○硬 软 稀　○腹泻 ○便秘 ○呕吐　记
○硬 软 稀　○硬 软 稀　○湿疹 ○感冒 ○_____

___年___月___日　　　___岁___月___天　　　记录人_____

早餐：

早点：

午餐：

午点：

晚餐：

晚点：

___种　　___种　　___种　　___种　　___种 ┊ 总计___种

新加：_____　喂奶：_____次/mL　户外：_____小时　睡眠：_____小时　○维生素D

排　便　　　　　　　　　　　　　**健　康**　随
　　　　　○硬 软 稀　○身体棒　　　　　　手
○硬 软 稀　○硬 软 稀　○腹泻 ○便秘 ○呕吐　记
○硬 软 稀　○硬 软 稀　○湿疹 ○感冒 ○_____

📅 __年__月__日　　😊 __岁__月__天　　📓 记录人_____

早餐：
早点：
午餐：
午点：
晚餐：
晚点：

🥔__种　🥦__种　🥩__种　🍎__种　🥛__种 ：总计__种

新加：____　喂奶：____次/mL　户外：____小时　睡眠：____小时　○维生素D

排　便
　　　　○硬 软 稀　○身体棒
○硬 软 稀　○硬 软 稀　○腹泻 ○便秘 ○呕吐
○硬 软 稀　○硬 软 稀　○湿疹 ○感冒 ○____

健　康

随手记

📅 __年__月__日　　😊 __岁__月__天　　📓 记录人_____

早餐：
早点：
午餐：
午点：
晚餐：
晚点：

🥔__种　🥦__种　🥩__种　🍎__种　🥛__种 ：总计__种

新加：____　喂奶：____次/mL　户外：____小时　睡眠：____小时　○维生素D

排　便
　　　　○硬 软 稀　○身体棒
○硬 软 稀　○硬 软 稀　○腹泻 ○便秘 ○呕吐
○硬 软 稀　○硬 软 稀　○湿疹 ○感冒 ○____

健　康

随手记

📅 __年__月__日　　👶 __岁__月__天　　📔 记录人_____

早餐：
....
早点：
....
午餐：
....
午点：
....
晚餐：
....
晚点：
....

🫘 __种　　🥦 __种　　🥩 __种　　🍎 __种　　🥛 __种 ┊ 总计__种

新加：____　喂奶：____次/mL　户外：____小时　睡眠：____小时　○ 维生素D

排　便
　　　　○硬 软 稀　○身体棒
○硬 软 稀　○硬 软 稀　○腹泻 ○便秘 ○呕吐
○硬 软 稀　○硬 软 稀　○湿疹 ○感冒 ○____
健　康
随手记

📅 __年__月__日　　👶 __岁__月__天　　📔 记录人_____

早餐：
....
早点：
....
午餐：
....
午点：
....
晚餐：
....
晚点：
....

🫘 __种　　🥦 __种　　🥩 __种　　🍎 __种　　🥛 __种 ┊ 总计__种

新加：____　喂奶：____次/mL　户外：____小时　睡眠：____小时　○ 维生素D

排　便
　　　　○硬 软 稀　○身体棒
○硬 软 稀　○硬 软 稀　○腹泻 ○便秘 ○呕吐
○硬 软 稀　○硬 软 稀　○湿疹 ○感冒 ○____
健　康
随手记

📅 __年__月__日　　😊 __岁__月__天　　📝 记录人_____

早餐：..
早点：..
午餐：..
午点：..
晚餐：..
晚点：..

🌾__种　🥦__种　🍖____种　🍎__种　🥛__种 ┊总计__种

新加：____　喂奶：____次/mL　户外：____小时　睡眠：____小时　○维生素D

排　便
　　　　○硬 软 稀　○身体棒
○硬 软 稀　○硬 软 稀　○腹泻 ○便秘 ○呕吐
○硬 软 稀　○硬 软 稀　○湿疹 ○感冒 ○____

健　康

随手记

📅 __年__月__日　　😊 __岁__月__天　　📝 记录人_____

早餐：..
早点：..
午餐：..
午点：..
晚餐：..
晚点：..

🌾__种　🥦__种　🍖__种　🍎__种　🥛__种 ┊总计__种

新加：____　喂奶：____次/mL　户外：____小时　睡眠：____小时　○维生素D

排　便
　　　　○硬 软 稀　○身体棒
○硬 软 稀　○硬 软 稀　○腹泻 ○便秘 ○呕吐
○硬 软 稀　○硬 软 稀　○湿疹 ○感冒 ○____

健　康

随手记

📅 __年__月__日　😊 __岁__月__天　📝 记录人_____

早餐：--

早点：--

午餐：--

午点：--

晚餐：--

晚点：--

🌰 __种　🥦 __种　🥩 __种　🍎 __种　🥛 __种 ⋮ 总计__种

新加：____　喂奶：____次/mL　户外：____小时　睡眠：____小时　○维生素D

排　便　　○硬 软 稀　○身体棒　　**健　康**　随
○硬 软 稀　○硬 软 稀　○腹泻 ○便秘 ○呕吐　手
○硬 软 稀　○硬 软 稀　○湿疹 ○感冒 ○____　记

📅 __年__月__日　😊 __岁__月__天　📝 记录人_____

早餐：--

早点：--

午餐：--

午点：--

晚餐：--

晚点：--

🌰 __种　🥦 __种　🥩 __种　🍎 __种　🥛 __种 ⋮ 总计__种

新加：____　喂奶：____次/mL　户外：____小时　睡眠：____小时　○维生素D

排　便　　○硬 软 稀　○身体棒　　**健　康**　随
○硬 软 稀　○硬 软 稀　○腹泻 ○便秘 ○呕吐　手
○硬 软 稀　○硬 软 稀　○湿疹 ○感冒 ○____　记

___年___月___日   ___岁___月___天   记录人_____

早餐：
....
早点：
....
午餐：
....
午点：
....
晚餐：
....
晚点：

___种   ___种   ___种   ___种   ___种 ┊ 总计___种

新加：_____   喂奶：_____次/mL   户外：_____小时   睡眠：_____小时   ○维生素D

排　便   健　康   随
    ○硬 软 稀   ○身体棒   手
○硬 软 稀 ○硬 软 稀   ○腹泻 ○便秘 ○呕吐   记
○硬 软 稀 ○硬 软 稀   ○湿疹 ○感冒 ○_____

___年___月___日   ___岁___月___天   记录人_____

早餐：
....
早点：
....
午餐：
....
午点：
....
晚餐：
....
晚点：

___种   ___种   ___种   ___种   ___种 ┊ 总计___种

新加：_____   喂奶：_____次/mL   户外：_____小时   睡眠：_____小时   ○维生素D

排　便   健　康   随
    ○硬 软 稀   ○身体棒   手
○硬 软 稀 ○硬 软 稀   ○腹泻 ○便秘 ○呕吐   记
○硬 软 稀 ○硬 软 稀   ○湿疹 ○感冒 ○_____

___年___月___日　　　___岁___月___天　　　记录人_____

早餐：_____
早点：_____
午餐：_____
午点：_____
晚餐：_____
晚点：_____

___种　　___种　　___种　　___种　　MILK ___种　┊ 总计___种

新加：_____　喂奶：_____次/mL　户外：_____小时　睡眠：_____小时　○维生素D

排　便
　　　　○硬 软 稀　○身体棒　　健　康　随
○硬 软 稀　○硬 软 稀　○腹泻 ○便秘 ○呕吐　手
○硬 软 稀　○硬 软 稀　○湿疹 ○感冒 ○_____　记

___年___月___日　　　___岁___月___天　　　记录人_____

早餐：_____
早点：_____
午餐：_____
午点：_____
晚餐：_____
晚点：_____

___种　　___种　　___种　　___种　　MILK ___种　┊ 总计___种

新加：_____　喂奶：_____次/mL　户外：_____小时　睡眠：_____小时　○维生素D

排　便
　　　　○硬 软 稀　○身体棒　　健　康　随
○硬 软 稀　○硬 软 稀　○腹泻 ○便秘 ○呕吐　手
○硬 软 稀　○硬 软 稀　○湿疹 ○感冒 ○_____　记

__年__月__日　　__岁__月__天　　记录人_____

早餐：
早点：
午餐：
午点：
晚餐：
晚点：

__种　　__种　　__种　　__种　　__种 ┊ 总计__种

新加：_____　喂奶：_____次/mL　户外：_____小时　睡眠：_____小时　○维生素D

排　便
○硬 软 稀　○身体棒
○硬 软 稀　○硬 软 稀　○腹泻 ○便秘 ○呕吐
○硬 软 稀　○硬 软 稀　○湿疹 ○感冒 ○_____

健　康

随手记

__年__月__日　　__岁__月__天　　记录人_____

早餐：
早点：
午餐：
午点：
晚餐：
晚点：

__种　　__种　　__种　　__种　　__种 ┊ 总计__种

新加：_____　喂奶：_____次/mL　户外：_____小时　睡眠：_____小时　○维生素D

排　便
○硬 软 稀　○身体棒
○硬 软 稀　○硬 软 稀　○腹泻 ○便秘 ○呕吐
○硬 软 稀　○硬 软 稀　○湿疹 ○感冒 ○_____

健　康

随手记

___年___月___日　　　___岁___月___天　　　记录人_____

早餐：
早点：
午餐：
午点：
晚餐：
晚点：

___种　　___种　　___种　　___种　　___种 ┊ 总计___种

新加：_____　喂奶：_____次/mL　户外：_____小时　睡眠：_____小时　○维生素D

排　便　　　○硬 软 稀　○身体棒　　　健　康　　随
○硬 软 稀 ○硬 软 稀　○腹泻 ○便秘 ○呕吐　　　　手
○硬 软 稀 ○硬 软 稀　○湿疹 ○感冒 ○_____　　　记

___年___月___日　　　___岁___月___天　　　记录人_____

早餐：
早点：
午餐：
午点：
晚餐：
晚点：

___种　　___种　　___种　　___种　　___种 ┊ 总计___种

新加：_____　喂奶：_____次/mL　户外：_____小时　睡眠：_____小时　○维生素D

排　便　　　○硬 软 稀　○身体棒　　　健　康　　随
○硬 软 稀 ○硬 软 稀　○腹泻 ○便秘 ○呕吐　　　　手
○硬 软 稀 ○硬 软 稀　○湿疹 ○感冒 ○_____　　　记

___年___月___日　　___岁___月___天　　记录人_____

早餐：..
早点：..
午餐：..
午点：..
晚餐：..
晚点：..

___种　　___种　　___种　　___种　　___种 ┊ 总计___种

新加：_____　喂奶：_____次/mL　户外：_____小时　睡眠：_____小时　○维生素D

排　便
　　　　○硬 软 稀　○身体棒
○硬 软 稀　○硬 软 稀　○腹泻 ○便秘 ○呕吐
○硬 软 稀　○硬 软 稀　○湿疹 ○感冒 ○_____

健　康　随手记

___年___月___日　　___岁___月___天　　记录人_____

早餐：..
早点：..
午餐：..
午点：..
晚餐：..
晚点：..

___种　　___种　　___种　　___种　　___种 ┊ 总计___种

新加：_____　喂奶：_____次/mL　户外：_____小时　睡眠：_____小时　○维生素D

排　便
　　　　○硬 软 稀　○身体棒
○硬 软 稀　○硬 软 稀　○腹泻 ○便秘 ○呕吐
○硬 软 稀　○硬 软 稀　○湿疹 ○感冒 ○_____

健　康　随手记

__年__月__日　　__岁__月__天　　记录人_____

早餐：
早点：
午餐：
午点：
晚餐：
晚点：

___种　　___种　　___种　　___种　　___种 ┊ 总计___种

新加：____　喂奶：____次/mL　户外：____小时　睡眠：____小时　○维生素D

排　便
○硬 软 稀
○硬 软 稀　○硬 软 稀
○硬 软 稀　○硬 软 稀

健　康
○身体棒
○腹泻 ○便秘 ○呕吐
○湿疹 ○感冒 ○____

随手记

__年__月__日　　__岁__月__天　　记录人_____

早餐：
早点：
午餐：
午点：
晚餐：
晚点：

___种　　___种　　___种　　___种　　___种 ┊ 总计___种

新加：____　喂奶：____次/mL　户外：____小时　睡眠：____小时　○维生素D

排　便
○硬 软 稀
○硬 软 稀　○硬 软 稀
○硬 软 稀　○硬 软 稀

健　康
○身体棒
○腹泻 ○便秘 ○呕吐
○湿疹 ○感冒 ○____

随手记